Sew
Easy
布屋

簡單・自在的手作生活

打造一個手作天堂，一直是我的夢想，我樂在其中。轉眼間，我的拼布教學工作已悄悄邁入第16個年頭了。

從小就是個好奇心十足、又靜不下來的孩子，滿腦子的新鮮創意。

當小腦袋幻想自己是音樂家時，我會煞有介事的拿起五線譜，填上大大小小的豆芽菜。幻想自己是個圖書管理員時，即搬動一大箱的書，蹲在家門前，央求左鄰右舍來租借書籍。幻想自己是室內設計師時，我就把房間的家具來個乾坤大挪移，甚至把儲藏室布置成睡舖。

想當然爾，常常搞得家裡雞飛狗跳。家中有一個如此調皮的我，小學三年級時，母親為預防她的寶貝縫紉機慘遭解體的厄運，乾脆主動教我縫製衣裳。還記得那是一件滿佈著清新小碎花的可愛洋裝，母親溫柔的臉龐和精巧的雙手，至今仍深植在我的記憶裡。我想就是從那一刻起，教我迷戀上布手作的樂趣吧？布料溫暖柔細的觸感，也似乎隱藏著我對母親的思念。

我總在一成不變的生活當中，尋找各種可能的變化，安定的生活並非我追求的人生目標。17年前因為對單調乏味的生活起了反動，為了打造一個夢想中的手作天堂，我毅然決然辭去了外商

高薪、穩定的工作，期待自己在新的著力點上，再次奮力跳躍。

築夢的路程有時雖不免艱辛苦澀，甜美醉人的時刻卻更多。拼布滋養了我的生命，也豐富了我的生活。我不斷向更繁複、更艱難的作品挑戰，在拼布領域裡渴求更多追求不完的驚嘆與美麗。

但是，近兩三年來，我總覺得自己困在某種格局裡滯礙難行，為了擺脫這樣的窒息感，我的拼布創作方向漸漸疏離了浩大繁複，嘗試逆向操作，走回輕鬆簡單的手作。在這轉向的同時，我必須先克服一些心理障礙，我不斷自問：我的手作專業還在水平之上嗎？我為藝術而作，抑或為生活而作？拼布應該要靠近藝術還是生活呢？拼布創作者心中應該要繃緊還是放鬆呢？

在創作的過程中，我看見憂鬱與快樂是並存的，藝術與生活是不分的，簡單之中，有時透露著繁複的美學辯證。

在找回工作和生活的熱情後，我比以前更能享受隨心所欲創作各式生活小物的樂趣。在這本書裡，我想呈現的正是這樣簡單自在的手作幸福。

Sew Easy
輕鬆布調

Chaper 5

拼布教學時光

Chapter 01

歡樂的客廳 *Living Room*

　　家，是一個創造幸福的地方。

　　帶有舒適的觸感、自然風的棉麻布料，最能變化平凡的生活，
成為溫柔的故事。

　　在一針一線的對話裡，不需要複雜的技巧，只要加點小小的新
意，就能綻放我的快樂，同時也不斷傾訴我熱愛生活的方式。

溫馨時光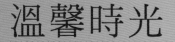

用紅白相間的方格布，

幫單調的立燈披上清新大方的外衣。

每當夜幕低垂時，扭開燈，

我發現它靜靜的醞釀一股優雅又俏皮的氛圍。

作法：請參考 P.54

沙發的新衣

特意選用色彩飽和的甜美花布，縫製一朵朵明亮可人的花朵，我讓它們盛開在純淨的棉布上。再將這件作品，罩在沙發上，暗沉的沙發彷彿從冬天緩緩回春，我的心情也跟著浪漫起來。

參考作品‧不提供作法

微笑・陽光

　　連著幾天的雨，太陽終於露臉了，我迫不及待將藤椅移到院子裡，加上舒適的抱枕和椅墊，和陽光來一場久違的約會。當陽光燦然地灑落一身，椅墊上的印花似乎也跟著微笑，因而閃耀著迷人的光彩。

作法：請參考 P.80

小熊·
出門去

甜美逗趣的蜜熊彩繪圖
案，搭配鮮活的黃色厚質棉
布，恰如其分的透露著童心未
泯的俏皮感。

　　曲線特殊的組合方式，
變化出柿子般的造型充滿喜悅
感，這個容量大的包包可以收
藏所有不能離身的生活小秘
密。

作法：請參考 P.81

相約做拼布

玩拼布已成了生活中很重要的事，有時候我享受獨自工作的自在恬適；更多時候我歡歡喜喜的和好友們一起切磋手藝。我們分工設計圖案，討論顏色配置，再細細納縫。我們一邊恣意說笑，手中的布花兒隨著我們愉悅的笑聲，同時綻放開一朵朵繽紛燦爛的笑容！

參考作品・不提供作法

Chapter 02

美味的廚房 *Kitchen*

　　這是呈現美味、凝聚情感的地方，我用親手縫製的布雜貨來變化餐桌上每天的風景，把這裡幻化成一個小舞台，無論是獨自品茗，或全家人一起享用餐點，還是與三五好友的午茶約會，每一次人物出現，都呈現出最美的生活戲碼。

甜蜜 下午茶

我以六邊形的造型拼貼上甜美可愛的印花布，讓餐桌墊跳脫了傳統，也讓餐桌多了色彩與芬芳。在這張桌上，隨意放置一些紅茶、點心和果醬，隨時都可以和妳展開一場英式的下午茶！

作法：請參考 P.60

拼接幸福

選用我最喜愛的圖案布，用柔和甜美的色彩，拼接一個溫馨優雅的圓型隔熱墊。

餐桌上熱燙的鍋與壺，頓時溫柔了起來。

作法請參考 P.62

廚房小幫手

作法請參考 P.57

隔熱手套也能玩造型！

利用梯形格拼接出大小金字塔形狀，做成圍在方形框裡的雙層效果，讓隔熱墊同時也是隔熱手套。兩端再以織帶固定，掛在牆上，又是另一種風情。

作法請參考 P.64

信手拈來

經過壓縫的嫩黃色素布所呈現的立體感，讓色彩更鮮活明亮了，在開口和兩側加上柔性色彩的條紋織帶，更為作品增加了活潑的層次感，隨興再貼上幾顆鮮艷欲滴的草莓，讓生活更有滋味。

作法：請參考 P.80

追逐陽光

　　溫暖鵝黃色的碎花格子
布，帶有棉麻的樸質觸感，
拼貼上喜愛的圖案和麻質的
蕾絲，讓窗多了一份溫柔雅
緻的美感。每當陽光灑落
時，光影和色彩的迷藏是我
永遠玩不膩的把戲。

作法：請參考 P.70

輕鬆購物趣

用粗質麻布大塊裁剪，隨興拼貼圖案，
且讓毛邊自在的伸展，最後配上皮質提把，
製作購物袋就像寫詩，一揮而就！

作法：請參考 P.84

. . . .

晴天的約會

　　野餐袋在向你招手，準備好可口的麵包、甜點和一壺香醇的茶，與家人攜手向綠草如茵處走去！

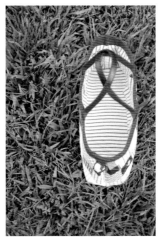

Chapter 03

辛勤的工作 *Workroom*

　　這裡是實現夢想的工作空間，在不受拘束的縫綴天地裡恣意創作，讓不同的布料碰撞出一串串的驚艷，拼貼出生活中的寧靜美好。

作法：請參考 P.67

小憩一下

　　為了讓工作中的自己多一份安心和舒適，我送給自己加厚鋪棉的椅墊，線軸曲線的圖形，搭配隨性的曲線壓縫，意外的發現椅子也有了新的表情。

作法請參考 P.72

交換心情

脫去傳統外衣的留言板重新著裝：我用厚紙板做框，用織帶自由的拉出區隔，再用鉚釘固定織帶。每一樁平凡的留言和瑣事，都有了活潑的情趣。

作法請參考 P.74

針線的家

　　繡上英文名字縮寫，這是專屬我一人的針線收納包。自然質樸的棉布，貼縫上十字繡小品，再滾上清新淡雅的蕾絲區隔工具，讓手作也能散發出和諧優雅的韻味，　這正是我做針線活最貼心的小跟班！

作法：請參考 P.85

收藏繽紛

　　我用俏皮的圓點圖案，搭配懷舊的復刻印花布，作成針線活兒的收藏盒。簡單大方的雙層設計，又符合了收納的功能。單調的紙盒，穿上了美麗的外衣，再加上刺繡貼布作點綴，收藏盒驕傲的展示自己，也展示其中的收藏。

作法：請參考 P.88

鎖住記憶

　　我把那些美好的青春紀事，一一收藏在親手製作的相簿裡。封面上用繡線仔細描繪一把把記憶的鎖，期待髮白的時候，與你一起翻開發黃的扉頁，閱讀我們未曾褪色的記憶！

作法：請參考 P.89

典雅學院風

　　簡單大方的提袋，融合了刺繡的美，再搭配上亞麻織帶，大方
展現個人化的風格。尤其是大容量的袋身，讓隨身的筆記本、相
機、彩繪筆等都能整齊收納，結合了時尚流行，也兼顧了實用。

Part 04

甜蜜的臥室 *Sweet Room*

　　特地選用暖色系，心無旁鶩地埋首拼接一籃又一籃的美麗願景，為臥房量身訂做了一件溫馨又浪漫的壁飾，我把幸福寫在牆上了。

作法：請參考 P.91

溫暖的邀請

利用亞麻和毛料布的特性，做成短鬚，也造成了特有的溫柔觸感，這張新風貌的腳踏墊同時對我的眼睛和雙腳發出溫暖的邀請！

作法:請參考 P.92

優雅的漫步

　　天然質感的棉麻布，用來製作布拖鞋最適合了。
在忙碌的一天後，換上一雙自己親手製作的布拖鞋，
那種舒適自在的感覺，會不會讓你更戀家呢？

作法：請參考 P.93

妝點浪漫

　　我在梳妝台上鋪了一塊玫瑰花圖案的拼布桌墊。拼接在玫瑰花外圍的藍色格子，更加襯托出花兒的浪漫柔美。頓時，我的桌面宛如隱藏著一座色彩斑斕的花園。

作法請參考 P.76

甜蜜擁抱

軟綿綿的抱枕，配上色彩繽紛的糖果圖案，甜蜜得令人愛不釋手。

回到家，用最舒服的姿勢抱著或靠著它，一天的勞累，在剎那間就消失無蹤了。

彩色
夢幻

復刻版的印花布，總是引人想起媽媽的時代，也似乎嗅到藏在媽媽魔法口袋裡彩色球糖的味道，所以我想用這甜美的布料為孩子的臥房製作一件溫暖的壁飾。

作法請參考 P.78 + P.94

秘密花園

　　用具有立體感的緞帶繡，為家裡單調的牆壁增添幾分色彩吧？不同於一般平面的刺繡法，緞帶所做出來的壁飾，更加活潑生動。

Chapter 05

拼布教學時光

　　布的溫度、手縫的質感，再搭配一些簡單又豐富的配件，即可成為一個個精緻又實用的手作小物，生活的樂趣與幸福的氛圍就在一針一線中拼接起來。

獨創設計隨興拼接

　　有些布料印上可愛的圖案，但若是整片布使用，卻會顯得單調，少了空間變化；這時如果將圖案取下來，再加以拼接布置，便可以利用取圖的方式，設計一個獨一無二的作品。

取圖方式

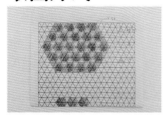

1 先利用製圖紙畫下拼接的順序與製圖方式

2 再利用厚紙卡或是較厚的型板卡依圖案的大小，畫出不同形狀的幾何圖形取圖框。

3 也可先將0.7cm的縫份預留起來，在取圖時連縫份一起畫下來。

4 只利用型板取圖，剪下時要留下縫份再剪。

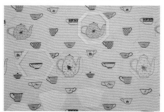

5 剪下圖形，備用。

拼接方向與順序

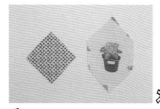

1 取下基本圖案布片。

2 先橫向連接。

3 縫份攤開並燙平。

4 再縱向連接。

5 縫份攤開並燙平。

取圖範例

窗簾

桌墊

杯墊

面紙盒

基本繡法

羽毛繡

1. 用25號繡線2股線來繡，做為花的葉子。
   從圖案處底布1出針，將線壓在縫針下成Y字型，針從2入3出。
2. 再從4入5出。
3. 以此方法重覆5次。
4. 最後一針出針時，就在尾端直立入針。
5. 在背後打結即完成。

結粒繡

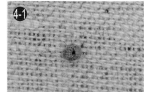 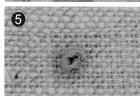

1. 從底布下方穿出後，以線繞針2圈。
2. 拇指壓住纏繞的線，將針線拉出，再將針往同一出針處刺入。
3. 即完成結粒繡。
4. 利用緞帶製作結粒繡。
4-1. 呈現不同的感覺。
5. 緞帶粗細，結也會有不同效果。

雛菊繡

1. 從圖案處底布1出針後，將線用拇指壓至一側，針緊鄰1從2入3出方式縫製。
2. 緞帶繞過3出針的後方。
3. 再由4入針，雛菊繡的花瓣即完成。

玫瑰花托及梗

1. 為了縫製花苞的葉梗，先從花苞的1出針，線拉緊從布面2入針，穿過花苞的緞帶面從3出針，將線壓至下方完成第1針。
2. 用拇指將線壓至斜側，針從4入針5出針，完成第2針。
3. 接著再重複2~3次，依花梗的長度，決定針數。

花瓣繡(亦可做為葉子)

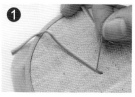 

1. 從素布1出針，第2入針時要穿入緞帶，完成1片花瓣。
2. 2片花瓣的形狀，可1長1短更為生動。

玫瑰花繡

1. 在素布畫出圖示符號。
2. 緞帶穿過針後，將針刺入緞帶的頂中心位置。
3. 將針從緞帶頂端拉出。

4. 緞帶頂端向內折1小段，將針回頭穿入(如圖)。
5. 從圖示符號1出針，緞帶繞過針下，由2入針、3出針。

 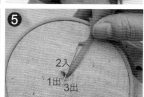

6. 成一個Y字型。
7. 以中心點為中心，左右各縫1針立針。
8. 最後1針立針結束前要將針從中間處穿入拉出。

9. 緞帶以此3立針為主，繞縫至所需花朵的大小。
10. 後針刺入素布結束。
11. 玫瑰花完成。

繍線整理

1 整捆繡線。

2 取出後從中間剪斷。

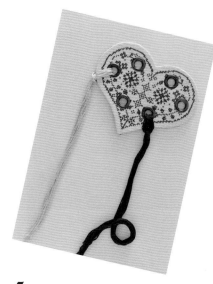

3 分成3等份，綁成辮子狀不需
編到尾端。

4 使用時，從尾端抽出所需繡線
即完成。

5 另一種整理方式，用繡線板固
定。

滾邊法

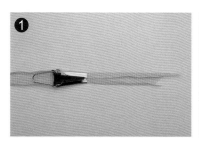
❶

❷

❸

❹

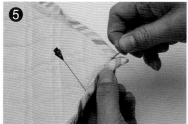
❺

1. 裁剪1條4cm寬45度的斜布條用滾
   邊器邊拉邊整燙。
2. 整理過的滾邊條後。
3. 打開滾邊條與表布正面相對齊邊
   緣，以珠針固定，縫合固定於表
   布。
4. 依摺痕將滾邊布翻至背面。
5. 同樣縫合滾邊布及裡布即可。

包邊法 用於壓線後，將表布、鋪棉與裡布三層的周圍做包邊處理

1 裁剪2條4cm寬45度的斜布條。

2 2片布條正面相對尾端合併，以45度角縫合固定。

3 縫份燙開，並剪去多餘的部分。

4 拼接好滾邊帶所需的長度後，將帶子2側各內折1cm再燙平使其寬度減半，攤開滾邊帶與表布、鋪棉與裡布正面相對，別上珠針固定。

5 以平針縫縫到轉角處時，要先將滾邊帶往上折與轉角呈45度角。

6 順著滾邊帶垂直往下摺，對齊布的邊緣。

7 避開折成三角形的轉角，接著將布轉向，重複先前的動作縫至下一個轉角直到縫好4個邊。

8 將滾邊帶再往內折疊，如圖所示包住布邊，並以藏針縫縫合。

9 一邊整理轉角，一邊折疊縫合固定。

10 縫好的滾邊。

私房寶貝

頂針

拼布已成為我生活中重要的事情，在針線的對話間汲取無限的樂趣；蒐集各式各樣的縫綴珍藏品，也成為我旅行的目的，每每把玩珍藏的寶貝，我的心情就隨著記憶旅行去了！

私房寶貝
縫紉機

最初縫紉機是由祖母留給母親，再由母親的手上交到我手裡。在那物力維艱的歲月裡，我看見慈愛的容顏、聽見幸福的聲音。雖然縫紉機老舊了，我仍習慣看見它立在一角。因為，愛一直延續著。

私房工具

1 鐵鎚

2 釘扣

3 強力夾

4 珠針

5 指套

6 布剪

7 剪刀

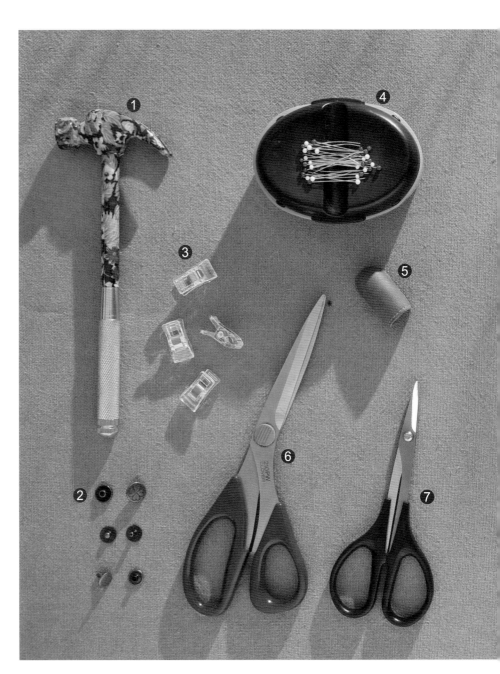

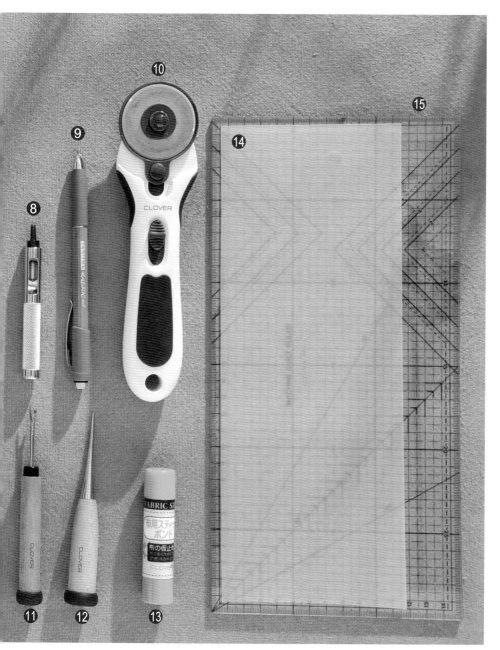

❽ 鉚釘工具

❾ 布用自動筆

❿ 裁刀

⓫ 拆線器

⓬ 錐子

⓭ 布用膠

⓮ 製圖型版

⓯ 測量工具尺

溫馨時光

準備材料：格子麻布145x37cm
　　　　　鬆緊帶58cm

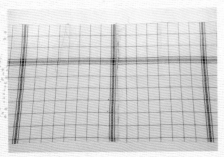

1 量好燈罩的直徑，裁下格子布，若布的長度不夠需裁2塊時，要以珠針對準格子。(圓的半徑x2x3.14)為布的長度。

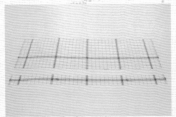

2 依布的寬度，再裁出下緣的長條布，要注意格子的接縫點，必要時須裁布對齊格線。

3 利用圖案板，在布片上裁切出方格區塊布，須留0.5公分的縫份。

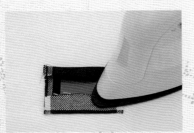

4 將方格區塊布四邊縫份向內摺熨燙。

5 取出圖案板。

6 將布用白膠塗在內摺縫份塗上。

7 再將四邊貼黏整平。

8 依序可製作出深淺不同色的區塊布備用。

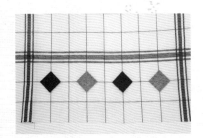

9 依拼接裁片的順序排列。

10 小裁片對準格線後，用珠針固定好，再進行貼布縫。

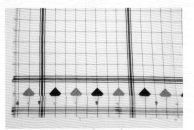

11 將所有的小裁片依序縫完後，再將下片的裁片正面與上片的下緣正面相對以珠針固定。

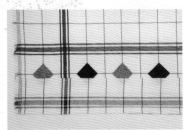

12 對準布料格線再行縫合。

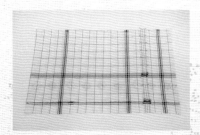

13 翻回反面，仍是漂亮的整齊格線。

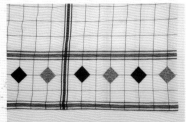

14 將接縫好的長片表布，對摺拼接。

15 將表布翻回正面，下襬做2折收邊縫。

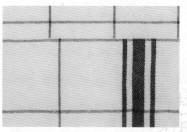

16 燈罩上片以一方格為基準，先摺縫出寬度，為穿入鬆緊帶做準備。

17 先壓縫出鬆緊寬度的空間。

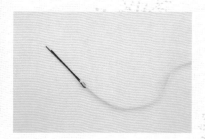

18 鬆緊帶先用髮夾固定。

19 再利用髮夾將鬆緊帶穿入。

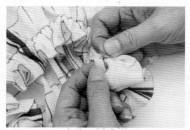

20 鬆緊帶接頭處縫合，塞入。

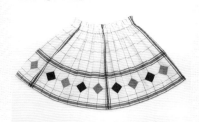

21 整順鬆緊帶之後，接口處以藏針縫縫合即完成。

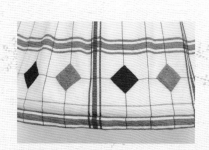

22 套入燈罩，調整表布，要將下襬的邊緣布垂蓋住燈罩的支架。

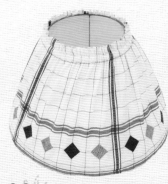

23 完成。

註：

145cm

返折

37cm

燈罩底的半徑　r=23
$2\pi r = 144.5cm$（圓周長）

2
2

4cm

邊緣車二道線

廚房小幫手

準備材料：1. 碎花布2色
　　　　　2. 圖案布
　　　　　3. 細格滾邊布
　　　　　4. 鋪棉 25X25cm
　　　　　5. 背布 25X25cm

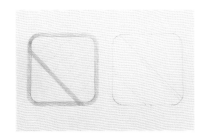

1 用紙板畫出實體大小的設計圖稿與型板。

2 以繪製的圖案框，放在布片反面上描繪，留縫份裁剪布塊。

3 將布塊一上一下的排列組合區塊布。

4 將縫份重疊，以珠針固定。

5 再車縫重疊的縫份。

6 依步驟1的紙型設計圖，排列出區塊布，共分成二大區塊。

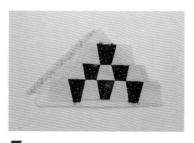

7 整燙後，裁好表布、鋪棉、裡布三層，並重疊。

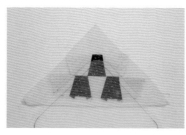

8 利用型板畫出區塊布的位置。

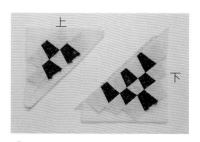

9 疏縫固定位置。

10 壓縫布片。以平針縫壓縫布片使其更有立體感。

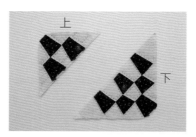

11 二片壓縫完成。

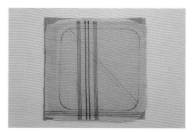

12 將後背的表布、鋪棉及後背布三層重疊，並以型板取出後背底布紋所需的範圍。

13 疏縫固定表布、鋪棉及外底布三層，並以等距在底布的表布上畫出斜記號線。

14 壓縫斜線，以平針縫將底布的表布、鋪棉及外底布三層一起壓縫。

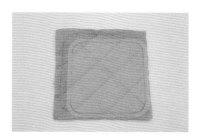

15 依型版取出實體大小的正表面。

16 取步驟9的區塊布上端，先固定滾邊條。

17 並以藏針縫將滾邊條固定。

18 將縫好滾邊條的2片區塊布，疏縫至底布上，成為四方型狀。

19 製作斜布條。

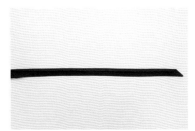

20 拼接好的斜布條二側，各向內折1cm做成滾邊條。

21 滾邊條以正面相對，與方型邊緣固定縫合。

22 再翻至背面，以藏針縫將滾邊條縫合。

23 準備一條織帶，尾端向內折入1cm後縫合。

24 最後縫上釦子裝飾。

25 完成囉！

甜蜜下午茶

準備材料：1. 碎花布3色
2. 圖案布2尺
3. 邊框用布約5尺
4. 鋪棉 70X70cm
5. 背布 70X70cm

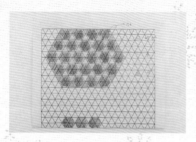

1 先自行設計出六邊形的餐桌墊。

2 再利用含有縫份的取圖框，分別取下圖案。

3 裁剪下來的布片先排成所需的區塊布。

4 依序縫合完成各組的區塊布。

5 進行列的區塊布縫合。

6 翻至背面先做整平後，再將縫份熨倒。

7 翻至正面檢查布料的平整度，並剪掉多餘的縫份。

8 利用製圖型板在布料上畫出所需的邊條布。

9 將邊條布預留1cm縫份後裁剪6片，再排列組合

10 注意邊條布的接縫處，需對齊再修剪多餘的縫份。

11 組合完成的背面，需進行熨開縫份與拉平的動作。

12 將表布、鋪棉、底布三層重疊，用珠針固定。

13 以放射狀疏縫進行固定。

14 將圖樣分別進行壓縫，使其圖案更為立體。

15 四周邊框同樣要進行壓縫。

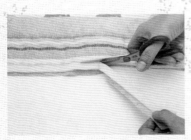

16 最後將多餘的鋪棉修剪掉。

17 完成。

此餐桌墊不做包邊處理，留下的毛邊更有味道。

 # 拼接幸福

準備材料：1. 碎花布2色
　　　　　2. 圖案布
　　　　　3. 細格滾邊布
　　　　　4. 鋪棉 25X25cm
　　　　　5. 背布 25X25cm

1 用紙板畫出實體大小的型板，再用較厚的描圖紙畫出大小型板，並剪下備用。

2 利用圖案框，放在圖型上將所需布塊上的圖案描繪下來。

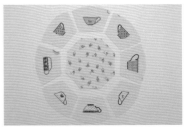

3 將圖型的周圍加上0.7cm縫份剪下，並依順序排列。

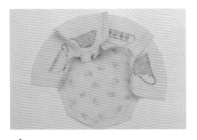

4 將中間的八角型主題與小塊圖案的裁布，依序拼接。

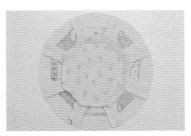

5 拼接完成後，將縫份打開燙平。

6 將表布、鋪棉、底布三層重疊。為增加厚度可在鋪棉中間再加上一塊鋪棉。

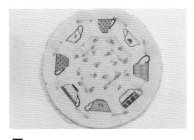

7 先以別針固定表布、鋪棉、底布三層。

8 中間圓型，進行落針壓縫一圈。

9 使裁片更有立體效果。

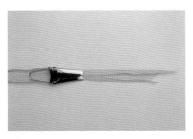

10 裁出4cm的布條，利用滾邊器製作滾邊帶。

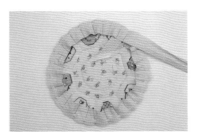

11 滾邊帶反折1cm，與表布正面相對別上珠針，並以平針縫固定。

12 滾邊帶的起點與結束，要特別注意重疊處。

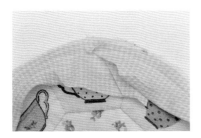

13 將滾邊帶重疊2cm左右縫合，再剪掉多餘的部分。

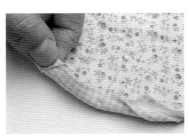

14 翻到背面將滾邊帶摺向隔熱墊的反面裏。

15 一邊將滾邊帶的布邊往內折，一邊固定，再以藏針縫縫合即可。

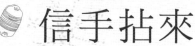

信手拈來

準備材料：1. 鵝黃色素布 1.5尺
2. 條紋布滾邊（斜布紋）
3. 草莓圖案布
4. 鋪棉 50X90cm
5. 背布 50X90cm

1 利用拼布尺在布片上，先由左側上方至右側下方，等距離做出記號線。

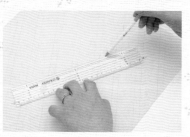

2 再由右側上方至左側下方等距離畫記號線，成為菱格線。

3 將表布、鋪棉、裡布三層重疊。

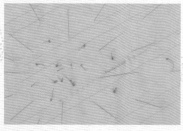

4 以放射狀的疏縫方式固定，再依記號線進行壓縫。

5 完成菱格壓縫，拆掉疏縫線

6 準備斜布條做為滾邊，若布片不夠長時可準備2條。

7 以45度角銜接起後，剪掉多餘的縫份，再翻回正用熨斗燙平。

8 將接好的斜布條二側往中間摺，並用熨斗燙平，做成滾邊帶。

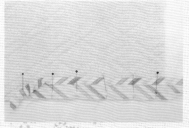

9 將滾邊帶端點斜折，與表布邊對邊，正面相對齊，以珠針固定。

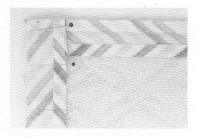
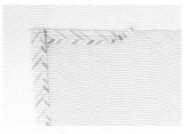

10 以平針縫縫到轉角時，要以45度角順著滾邊帶垂直往下摺，用珠針固定。

11 車縫時要避開折成三角形的轉角，接著將布轉向，再繼續車縫。

12 縫至終點時將滾邊帶與起點重疊處的多餘部分剪掉。

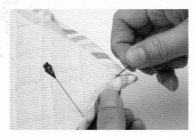

13 壓住轉角，由此入針，縫2針，避免滾邊帶翹起來。

14 將滾邊條的布邊往內折，一邊以藏針縫縫合。

15 完成包邊條。

16 剪下布上的草莓圖案。

17 將表布縫上草莓圖案。

18 再繡上小草裝飾。

19 將布面對折抓出中心點，畫上記號。

20 以中心點為主，再抓出二側的中心點，畫上記號。

21 縫上綁帶，在上下側面，以珠針預留抽口位置。

22 除了抽口處外，其他以捲針縫縫合。

23 綁帶往內，二側不縫。

24 再由綁帶的端點入針。

25 續以捲針縫加強綁帶固定位置。

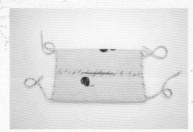

26 翻回正面。

27 塞入紙盒，綁好帶子即可。

製作綁帶：

1 折好斜邊條4條。

2 對折後，再對折，然後再把邊緣車縫起來。

3 用珠針固定在記號點上，做為綁帶用。

4 將綁帶前端0.5cm處用平針縫固定。

小憩一下

準備材料：1. 各式花布少許
　　　　　2. 市售現成斧型紙板
　　　　　3. 棉麻素布2尺
　　　　　4. 鋪棉1碼
　　　　　5. 1公分寬織帶2碼
　　　　　6. 出芽用咖啡色細格紋布（斜布紋）3X120cm

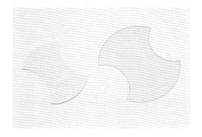

1 市售現成的斧形紙板。

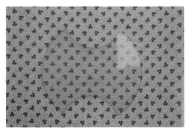

2 利用含有縫份的型板，畫在布的背面後裁下布片。

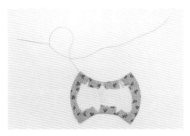

3 布片縫份剪芽口，黏貼包住白色紙卡圖案，以平針縫固定縫合。

4 利用捲針縫將片與片之間縫合，以5片為1組共計5組，分別做上記號。

5 分別在紙卡上做上記號，繼續縫捲針縫。

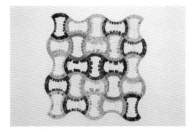

6 排與排之間對齊，續縫。

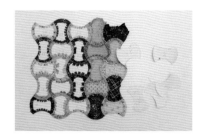

7 將縫好圖案布片裡的紙卡拆下。

8 翻至正面整燙。

9 準備椅墊表布2片（自行測量大小），須預留縫份。圓弧凹處為綁椅背的斜接口。

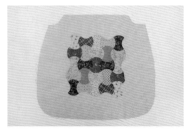

10 將拆好紙卡的圖案布，用珠針固定於表布上。

11 圖案四周先進行疏縫。

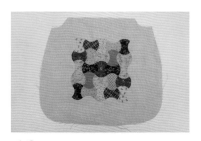

12 以貼布縫縫合。

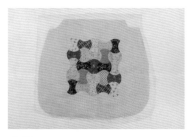

13 續將表布、鋪棉與裡布三層重疊。

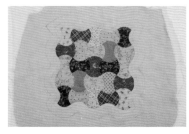

14 用記號筆先畫出要壓縫的圖案線。

15 進行壓縫。

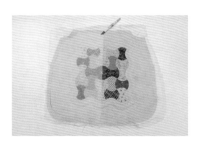

16 利用描圖紙畫下椅墊一半的尺寸，作為裁剪厚棉與底部之用。

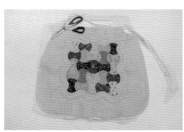

17 順著椅墊輪廓修整多餘的鋪棉與布片。

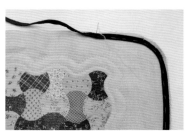

18 用市售現成織帶做包邊出芽，固定於椅墊左右與下端三方。

19 圓弧處須剪芽口。

20 滾邊至椅子綁帶子的地方即可，留下上方的返口處。

21 二側再縫上綁帶的一端緞帶。

22 蓋上椅墊的底布。

23 車縫好後將圓弧處內的鋪棉內剪1cm。

24 剪出芽口，有利於翻面後表布較為平順。

25 再將四周多餘的鋪棉剪掉。

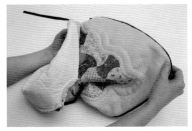

26 翻至正面。

27 準備厚鋪棉，中間塊可略為小片。主要為增加椅墊的厚度，坐起來更舒適。

28 簡單疏縫固定即可。

29 塞入椅墊內，平鋪。

30 以滾邊器製作返口處的滾邊條。

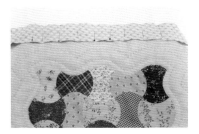

31 滾邊條和返口處正面相對，以珠針固定，並做滾邊處理。

32 翻至背面，將另一端的綁帶夾入再縫滾邊帶。

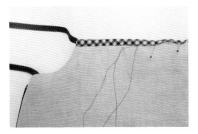

33 以藏針縫縫完返口處的滾邊帶，大功完成。

輕鬆購物趣

準備材料：1. 防水麻布46X36cm 2片
2. 圖案布34X40cm 1片
3. 稜行織(收邊用)180cm
4. 皮革提把2.5X36cm 2條

1 準備好長方形的防水布。

2 利用圖案布剪下自己喜歡的圖樣。

3 將布邊抽成鬚狀。

4 整理鬚狀，剪齊。

5 將圖樣縫至防水的表布上。

6 也可以用曲線車縫方式，車縫圖案做出不同效果。

7 二片各縫好圖樣的防水表布。

8 表布正面相對(二側預留15cm不縫)，將二側與底端車縫。

9 用布用的雙面膠帶，將二側與底端黏貼上菱形織帶。

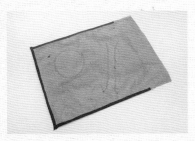

10 將貼好三側的織帶部分，再加強車縫一圈。

11 抓袋底角。兩邊底側分別用角尺取出45度角的三角形。

12 以珠針做記號固定。

13 車縫兩邊的袋角。

14 將車好的袋角往上折，並固定縫製在脇邊上。

15 再準備1條貼上布用雙面膠帶的織帶。

16 繞著袋口黏貼。

17 織帶收尾時要將前端的布內折約1cm後，再收尾。

18 做完袋口包邊動作後，車縫織帶。

19 將步驟8預留的部分，向內燙摺固定！

20 抓出袋口的中心點，向外二側畫上提把位置。

21 放上皮革提把，並調整位置。

22 利用皮革線將皮革提把縫合固定。

完成。

交換心情

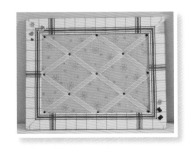

準備材料：

1. 馬糞紙 3張、厚紙板 1張
2. 邊框用格紋麻布 1碼
3. 背景布 2尺

4. 鋪棉 1碼
5. 麻質菱形織帶 4碼
6. 鉚釘 13組
7. 白膠

1 切割出所需紙板，除了中間的方塊外，其它紙板各需準備二塊。

2 白膠以些許水稀釋再塗於當框用的紙板上。

3 重疊黏上一片紙板，增加其厚度。

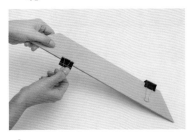

4 以長尾夾固定，待乾備用。四邊框以相同做法完成。

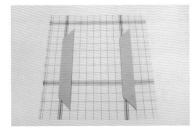

5 將黏好厚度的紙板框再刷上白膠，平放於布面上，四周各留1.5cm後將布片裁下。

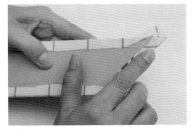

6 包布，將布拉平，平貼至厚紙板上。

7 特別注意貼邊收尾的轉角處，要剪去多餘的布。

8 此為包好四邊的框。

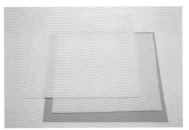

9 準備一張與中間紙板同尺寸的鋪棉，再準備一張較小一點的鋪棉重疊上。

10 紙板背面四周一樣塗白膠，再包底布。

11 將底布平整地往後拉，包住紙板。

12 包好布的紙板翻回正面。

13 畫框線，將步驟8的布框排列畫出位置。

14 再依布框的四個角邊，以鉚釘釘上鉚釦。

15 找出中心點位置，再依序分別釘上鉚釦和織帶。

16 可依自己的喜好設計織帶的位置。

17 接著將四個邊框同樣塗上白膠。

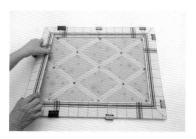

18 用長尾夾固定黏合在中間的板子上。

19 最後在背面貼上底紙，修飾完成。

①馬糞紙 55 / 43 6 裁4份(2份重疊)

②馬糞紙 42.5 / 30.5 6 裁4份(2份重疊粘)

③底55X42.5 X1份

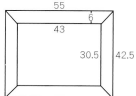

55
6
43
30.5   42.5

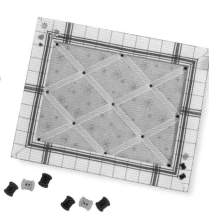

 # 針線的家

準備材料：

1. 碎花麻布 20X40cm
2. 裡布 20X40cm
3. 十字繡小圖
4. 條紋滾邊布4X120cm(斜布紋)
5. 寬版緞帶45cm
6. 鋪棉 20X40cm
7. 木框

1 先畫出針線收納包的正面圖。

2 再畫出針線收納包的裡圖。

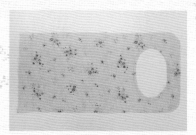

3 依紙型裁剪出正面布片及預留圖案框的縫份，須剪出芽口。

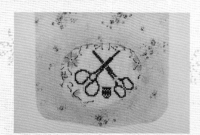

4 擺放繡圖的位置。

5 將縫份內折，再取包繩繞圖框縫。

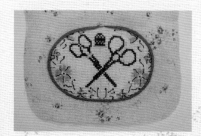

6 完成圖框繞縫。

7 在裡層的表布上以十字繡繡上自己的英文縮寫。

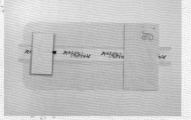

8 裡層的表布，先擺好配件織帶等位置，以珠針固定。

9 裁出4cm的斜布條。

10 2片布條如圖所示，正面相對，以45度角銜接起來。

11 縫份打開，燙平，再剪掉多餘的部分。

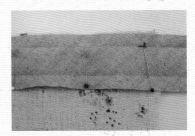

12 將拼接好的滾邊帶，二側內摺再燙平，使其寬度減半。攤開滾邊帶，與表布、鋪棉與裡布正面相對重疊，別上珠針固定。

13 車縫至轉角處時，先將滾邊帶往上摺與轉角呈45度角。

14 順著滾邊帶垂直往下折，對齊布的邊緣。

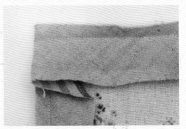

15 避開折成三角形的轉角，接著將布轉向，重複先前的動作縫至4個邊完成。

16 翻回正面，將滾邊帶往內折疊，如圖所示包住布邊，並以藏針縫縫合。

17 一邊整理轉角，一邊折疊縫合固定。

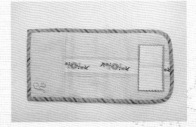

18 縫好的布邊，角度就很漂亮啦！

19 依個人的喜好，放置工具，就成為個人專屬的針線收納包！

 # 甜蜜擁抱

準備材料：1. 復刻版花布8色

2. 白色浮水印背景布

3. 鵝黃色素布2尺（連同邊布及背布）

4. 鋪棉50X50cm

5. 拉鍊 35cm

※抱枕尺寸請實際測量

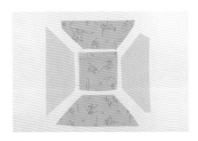

1 依設計的型版預留縫份再取下圖樣。

2 依圖案布片拼接成區塊布。

3 縫合好的區塊布，正面對正面，以平針縫的方式結合。

4 以4個為一組，共縫合 4 組。

5 縫合好所有的布塊組。

6 先取4片長條布，各留出1cm的縫份。

7 以角尺將長條布二端畫出45度角。

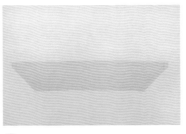

8 4條長布條分別剪下45度角。

9 拼接至步驟5的布塊組四周成為邊框。

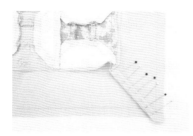

10 縫合後,縫份倒向單側,先以珠針固定。

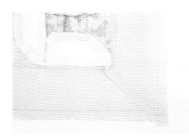

11 注意布片與布片重疊處的轉角與縫份。

12 拼接縫合後,縫份燙開,再翻至正面。

13 裁2片底布,準備車縫拉鍊。

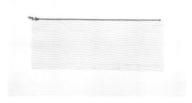

14 先將拉鍊車縫至小塊布片上。

15 再拼接縫合另一塊布片,縫好拉鍊的後背布。

16 將表布、鋪棉及裡布三層重疊,以疏縫固定。

17 中間先壓縫,再將四周邊框壓線固定縫合。(壓線圖案可自行設計)

18 壓縫後四個邊框更加立體。

19 剪去多餘的鋪棉。

20 拉鍊底布正面與表布正面相對,以珠針固定。

21 車縫一圈。翻至正面,放入枕芯即可。

祕密花園

準備材料：

1. 木製相框
2. 鍛鑄小盆飾 2個
3. 蕾絲 60cm
4. 鋪棉 35X50cm
5. 緞帶 0.5cm緞帶刺繡專用
6. 繡線 DMC 5號繡線
7. 背景布 35X25cm

※參考P46各繡法介紹

1 準備好材料，畫好位置。

2 將圖案描繪在素布上。

3 將素布放在刺繡框內，用羽毛繡先繡出葉子。

4 再利用市售小花縫上花朵。

5 繡線以結粒繡方式縫成小花苞。

6 另一邊的圖案則先用綠色緞帶，先繡上茂盛的葉子。

7 換上紅色緞帶，先縫一朵朵結粒繡裝飾。

8 第二列以雛菊繡法繡出花苞。

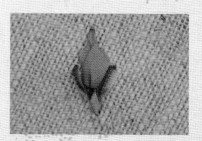

9 若搭配花苞即成一朵含苞待放的花。

10 當然也要有盛開1朵朵的玫瑰花來搭配。

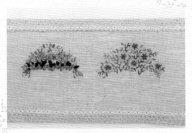

11 完成二邊的刺繡。

12 準備和相框底板相同大小的鋪棉貼上。

13 覆蓋上刺繡完成的素布。

14 底板二端貼上雙面膠帶,將素布平整包好。

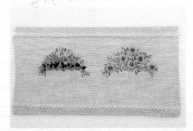

15 翻回正面,再用雙面膠帶將二端黏貼蕾絲裝飾。

16 將正面框固定好。

17 最後黏上立體的花盆。

18 完成。

微笑・陽光

・P.10 作品

準備材料：
1. 圖案布18片   4. 白色厚棉
2. 墨綠色底布
3. 綠格子布28片

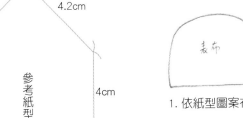

參考紙型

4.2cm

4cm

4.2cm

5cm

在椅墊約3/1處重疊

1. 依紙型圖案布或可依家中椅墊尺寸製作裁剪。

2. 依圖拼接圖案。

3. 將圖案縫份燙開。

4. 貼縫於椅墊的表布上，
   與鋪棉之胚布疏縫後壓線。

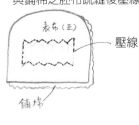

壓線

鋪棉

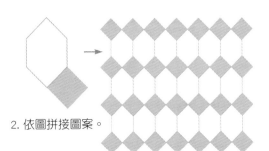

② 車縫周邊   ♥ 按數字順序製作

背布A（反）

背布B（反）

① 摺邊縫

已出芽表布（正）

5. 製作出芽：裁3公分寬的斜紋布，長
   度則是椅墊四周的總長。將細綿繩包
   夾在布內，並車縫包住棉繩。
   （滾在圓弧角一定要用有彈性的斜紋）

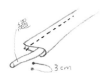

繩

3cm

7. 兩片背布於開口處重疊約5公
   分，並與表布正面相對車縫四
   周，再翻至正面即完工。

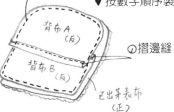

6. 滾上出芽：
   將包了棉繩的出芽疏縫
   固定在壓縫完成的表布四周。

小熊出門去 ·P.12 作品

準備材料：

A表布（義大帆布）51.5x23cm 2片　　布襯51.5x28cm 1片　　　　裡布31x31.4cm

布襯51.5x23cm 2片　　　　　　　A+B裡布51.5x50cm 2片(貼芯)　拉鍊30cm

B底布51.5x28cm（義大帆布）1片　C表布31x31.4cm　　　　　　皮提把1對

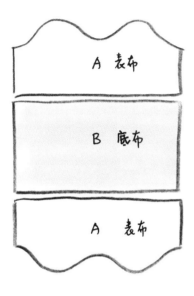

1. 依紙型裁剪布片，再將表裡布分別燙襯。

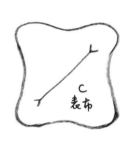

2. 表布A與底布B相接縫，再兩側車縫，並打14公分底角。

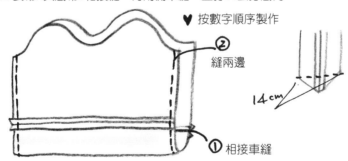

♥ 按數字順序製作

②縫兩邊

①相接車縫

14cm

3. 裡布可依各人喜好設計車縫口袋，與表袋同方法車成袋型。

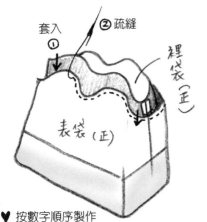

套入① ② 疏縫

裡袋（正）

表袋（正）

♥ 按數字順序製作

4. 表、裡袋反面相對套入，袋口疏縫。

5. C 表布、裡布正面相對，預留拉鍊處做記號後先車縫周邊，再將記號處劃開。

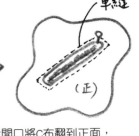

② 再切

（反）

① 先縫

（正）

車縫

（正）

(拉鍊口約0.7x30cm)

♥ 按數字順序製作

6. 從開口將C布翻到正面，上拉鍊，四周疏縫固定。

C（反）

0.7

返口

裡袋（正）

7. 袋身表袋正面與C袋蓋正面相對，並車縫一圈組合。

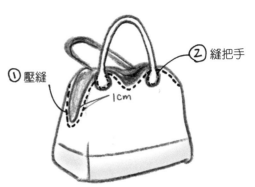

① 壓縫 1cm

② 縫把手

8. 由拉鍊口返口到正面壓縫一圈。縫上提把就完工了！

追逐陽光

・P.20 作品

準備材料：
A 窗簾主布162x72cm 1片　　咖啡杯圖案布17片
B 配色布162x32cm 1片　　　蕾絲162cm
小塊碎花布3.5x3.5cm 27片　　菱形織帶162cm

1. 依圖將圖案區塊組合。

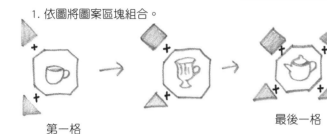

第一格　　　　　　　　最後一格

3. 將拼接完的圖案C貼布縫於主布A的下方。
　 蕾絲重疊於C下方1cm的縫份處，車縫固定。

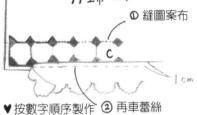

A 主布（正）

① 縫圖案布

C

1cm

♥ 按數字順序製作　② 再車蕾絲

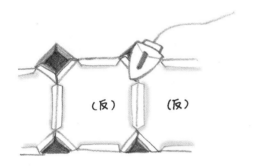

（反）　（反）

2. 依序拼成長條，將縫份倒向深色部位，燙開。

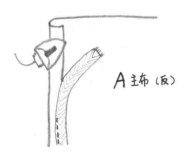

A 主布（反）

4. 左右兩側縫份內折燙平，後方以車縫方式
　 貼縫一道菱形織帶，可增加窗簾的垂度。

6. 4cm處記號線車縫兩道，第二道就是穿窗簾桿的地方。

♥ 按數字順序製作　③ 穿窗簾桿處

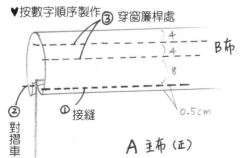

B布

4
4
8

② 對摺車縫

① 接縫

0.5cm

A 主布（正）

5. 如圖將B布與A上方接縫後，
　 B往後對摺對齊前面的車縫線。
　 內壓縫0.5cm固定前後布片。

晴天的約會 ·P.22 作品

1. 將10種花色隨興排列,並車縫成兩大片,縫份燙開。

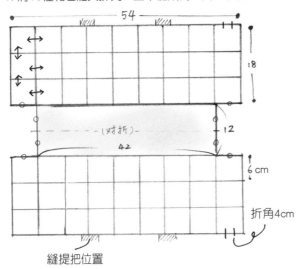

縫提把位置

準備材料:
10種花色布片6x6cm 共54片
襯18x54cm 2片
底布紅色麂皮42x12cm 1片
襯42x12cm
裡布48x54cm 1片
襯48x54cm
厚織帶54cm 2條
織帶提把 2條

2. 兩大片拼布分別貼襯、再機縫壓斜線。

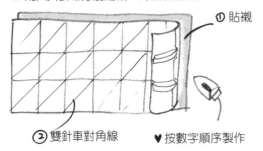

① 貼襯
② 雙針車對角線　♥ 按數字順序製作

3. 底布紅色麂皮燙襯與表側縫合,
並組合成袋型。

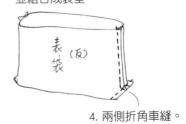

表袋（反）

4. 兩側折角車縫。

5. 裡袋貼襯,內為開放袋,
隨各人喜好設計內袋。
表袋與裡袋重疊組合。

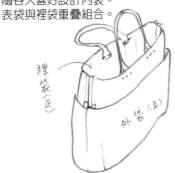

裡袋（正）
外袋（正）

6. 袋口用厚質織帶雙層滾邊,提
把夾車縫於兩層織帶之間。

折角
4cm

收藏繽紛

・P.30 作品

準備材料：

0.2cm馬糞紙、布、紙膠帶、白膠、厚紙板
剪刀、美工刀、長尾夾

製作盒身

將馬糞紙用紙膠帶黏合，完成大盒及小隔層盒盒身。

大盒製作

1. 大盒包布：將盒身外邊上膠，以順向將外四邊緊黏布料。

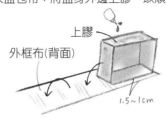

上膠

外框布(背面)

1.5~1cm

2. 布邊包到底部或盒框時，轉角多出的布剪掉成45度斜角，貼緊黏合。

3. 同時將盒蓋以表布包覆馬糞紙，四角邊同樣剪斜角黏合。

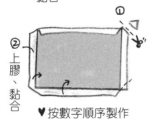

① ②上膠、黏合

♥ 按數字順序製作

內裡布(背面)

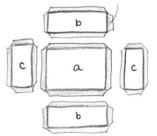

b

c   a   c

b

4. 內裝製作：將大盒內裝用的厚紙板黏上布料。

5. 先黏盒底紙板：布面朝上，布邊如圖上折貼於盒邊。

6. 選一長邊貼一塊布與盒蓋相接。

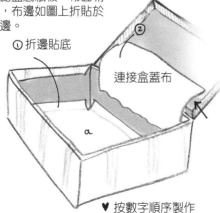

① 折邊貼底

②

連接盒蓋布

a

♥ 按數字順序製作

7. 一片b與兩片c紙板布包折三邊、一側短布邊不折，三片塗膠依序黏入盒內固定。

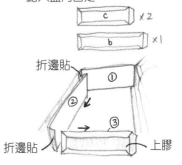

c ×2

b ×1

折邊貼

①

②

③

折邊貼   上膠

♥ 按數字順序製作

8. 另一片b板四周包布，背塗膠黏入與盒蓋相接的地方。
   同作法將盒蓋內板及盒底板貼上。

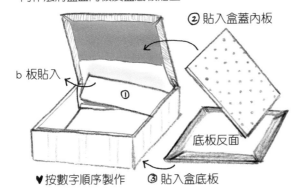

② 貼入盒蓋內板

b 板貼入

①

底板反面

♥ 按數字順序製作

③ 貼入盒底板

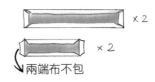

× 2

× 2

↳ 兩端布不包

9. 製作隔層支架：如圖把布
   料包覆支架的馬糞紙板。
   兩個短邊留兩端布不包。

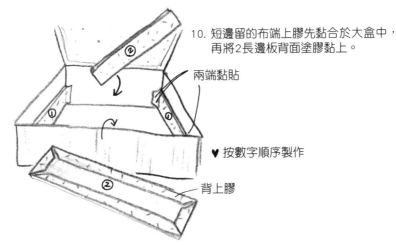

10. 短邊留的布端上膠先黏合於大盒中，
    再將2長邊板背面塗膠黏上。

兩端黏貼

♥ 按數字順序製作

背上膠

製作分隔盒

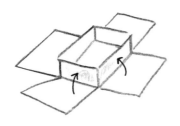

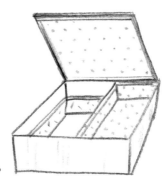

1. 將馬糞紙小盒由底包覆布料黏合。

2. 同大盒盒內、底製作法，將分隔盒底板放入便完成。

收藏繽紛(紙型)

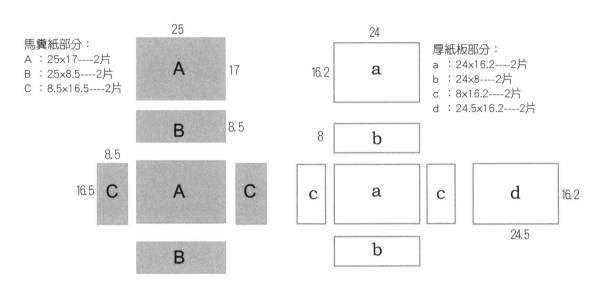

馬糞紙部分：
A：25x17----2片
B：25x8.5----2片
C：8.5x16.5----2片

25

A

17

B

8.5

8.5

16.5 C A C

B

24

16.2 a

厚紙板部分：
a：24x16.2----2片
b：24x8----2片
c：8x16.2----2片
d：24.5x16.2----2片

8 b

c a c d 16.2

24.5

b

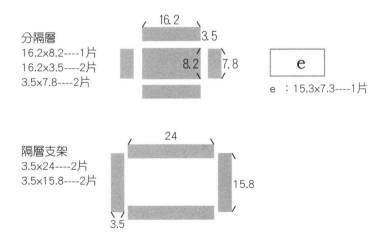

分隔層
16.2x8.2----1片
16.2x3.5----2片
3.5x7.8----2片

16.2

3.5

8.2 7.8

e

e：15.3x7.3----1片

隔層支架
3.5x24----2片
3.5x15.8----2片

24

15.8

3.5

鎖住記憶

・P.32 作品

準備材料：

馬糞紙2mm 4張，全開海報紙 8張(109x79cm)

花布少許、十字繡布(32cmx25cm)

素麻布28x35cm縫份留1.5cm 2片

紅色厚質素棉布28x50cm各留縫份2cm

單膠棉(86x28cm) 不留縫份

1. 全開海報紙裁成27.2X79cm四份，共要裁32片，再對折一半27.2X39.5cm的尺寸。

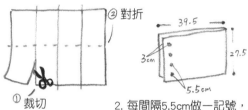

2. 每間隔5.5cm做一記號，以打孔機將32頁書頁依記號打洞。

♥ 按數字順序製作

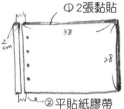

3. 裁馬糞紙：38x28四片、2x28四片。同尺寸馬糞紙黏貼以增加封面及封底厚度。

4. 背面以紙膠平貼，正面則以紙膠帶黏貼成凹槽狀

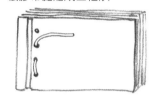

5. 封面、32頁紙及封底以粗棉繩穿洞固定。

♥ 按數字順序製作

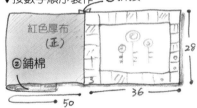

6. 拼接十字繡布及厚質紅素面布。在背面貼上單膠鋪棉。

7. 將素麻布縫份內摺車邊，做為封底及封面背後。

♥ 按數字順序製作

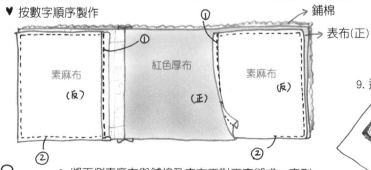

8. 將兩側素麻布與鋪棉及表布正對正車縫成ㄇ字型。

9. 返回正面，即可將相簿塞入書衣裡。

典雅學院風

·P.33 作品

♥ 按數字順序製作

2. 將織帶如圖彎曲做記號，上端
   留8公分不車，將兩邊織帶與
   圖案布及表布車縫固定。

準備材料：

格子表布35x52cm 2片	布襯85x52cm 1片
格子表底布15x52cm 1片	(以上各留縫份1cm)
裡布52xx39cm 2片	織帶100cm 2條
口袋布35x26cm 1片	四合釦

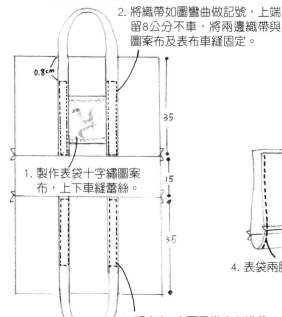

0.8cm

35

15

35

1. 製作表袋十字繡圖案
   布，上下車縫蕾絲。

提把

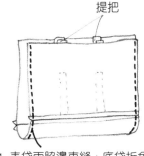

18cm

4. 表袋兩脇邊車縫，底袋折角18公分。

3. 將表布2表面同樣車上織帶，
   並將表袋與兩片表布接上後，燙貼布襯。

5. 內口袋對折如圖車縫，由返口
   返回。裡袋可依各人喜好設計
   車縫內袋。

袋口(上)
口袋(反)
返口

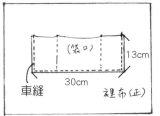
(袋口)
13cm
車縫
30cm
裡布(正)

6. 將2塊裡袋布三邊車縫，留底部15
   公分返口，裡袋底折角18公分。

裡布(反)
15cm返口

7. 表袋與裡袋正面相對套疊
   固定袋口，並車縫一圈。

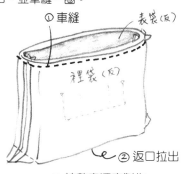
①車縫
表袋(反)
裡袋(反)
②返口拉出

♥ 按數字順序製作

8. 由裡袋底部返口將袋子翻到正面。表袋口往
   內返折3公分，釘上四合釦後袋口壓縫一圈。

典雅學院風（Y字）

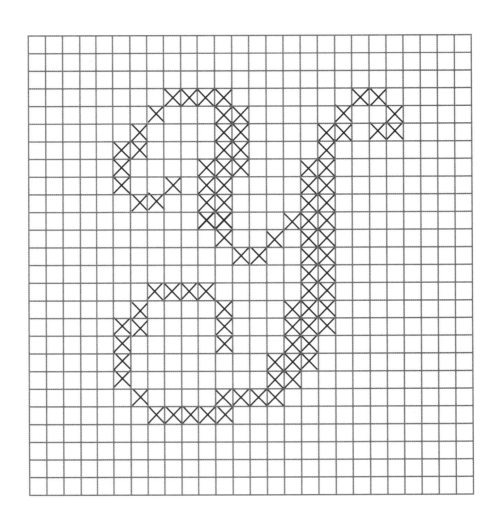

溫暖的邀請

· P.36 作品

準備材料：
玫瑰花水洗棉麻布12x12cm 14片（含縫份）
毛料布12x12cm 42片
紅格子先染布12x12cm 28片
背布82x52cm
鋪棉82x52cm
邊條布12x94cm　2條(含縫份)
　　　12x64cm 2條(含縫份)
A布：毛料布+毛料布+紅格子先染布
B布：玫瑰花水洗棉麻布＋毛料布＋紅格子先染布

1. 依圖順序將三種布塊疊好：
   A布組：毛料布+毛料布+紅格子先染布
   B布組：玫瑰花水洗棉麻+毛料布+紅格子先染布

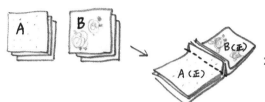

2. A布組背對背拼接車縫，縫份毛邊朝外
   露出，每條接四組。同樣製作B布組。

♥ 按數字順序製作 ② 抽鬚

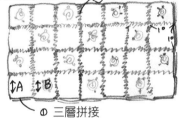

① 三層拼接

3. 同法如圖將A、B布條拼接車縫，並將
   縫份織線抽鬚，製造毛絨絨的效果。

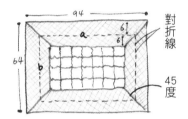

4. 毛絨格子區與邊條布4邊拼接，以45
   度斜邊拼縫四個角。內折線做記號。

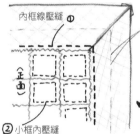

內框線壓縫 ①

〈正面〉

② 小框內壓縫

5. 表布完成後與鋪棉、背布三層疏
   縫後壓縫內框及AB格子內小框。

後面鋪棉及背布尺寸

6. 修剪鋪棉到邊條布的
   內折線記號處，將邊
   條摺向後背布。

♥ 按數字順序製作

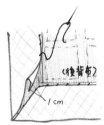

〈後背布〉

1 cm

7. 邊條內折一公分縫份，以藏針縫
   法縫於背面的壓縫外接線上。

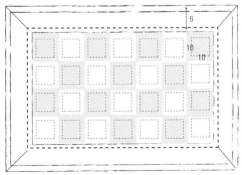

完成圖

優雅的漫步

・P.37 作品

準備材料：

鞋面布1.5尺	單膠棉
裡布1.5尺	厚紙襯40×40cm
雙膠棉50×50cm	繡線

1. 用紙型畫出鞋底及鞋面外廓。

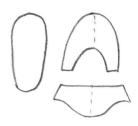

2. 鞋面表布A貼上單膠棉，再與鞋面裡布車縫凹處，並於縫份處剪芽口。

A 裡布(正)
A 表布(正)
單膠棉

3. 翻至正面後，在接縫的鞋口如圖，以繡線平針壓縫。

表(正)

4. 與鞋面B縫合。

(三角點對三角點)

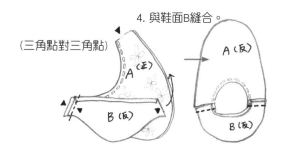

A(正)
B(反)
A(反)
B(反)

5. 內底布貼膠棉，並將鞋面A和B與內底布車縫一圈。

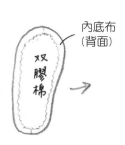

雙膠棉

內底布(背面)

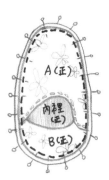

A(正)
內裡(正)
B(正)

6. 鞋底貼上特殊厚紙襯，並將完成之鞋面和完成的步驟5，以正面對正面重疊後縫合，須留一返口。

厚紙襯
鞋底布(反)
鞋底布(正)
返口

7. 從返口翻到正面，並用藏針縫縫合返口。即可隨興裝飾鞋面，縫上蕾絲或釦子等裝飾。

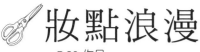

妝點浪漫

· P.38 作品

準備材料：
A.玫瑰大花布1尺　　E.藍色格紋布2尺
B.玫瑰小花布1.5尺　F.藍色格紋滾邊布
C.淡米色格紋布1尺　　1.5尺(4x260cm)
D.米色素麻布1.5尺　G.背布2尺

1. 依紙型裁切布料：
   A玫瑰大花 8片
   B玫瑰小花 28片
   C淡米色格紋布 32片
   D米色素麻布 7片

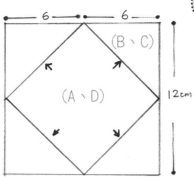

2. 如圖將A與C拼接為正方型；同樣
   製作B與D，拼成正方型區塊。

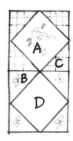

3. 同法如圖將正方型拼接，再將藍格紋邊
   條布接上。四個角須拼成45度的斜邊。

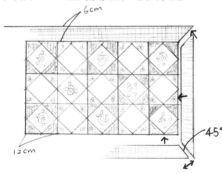

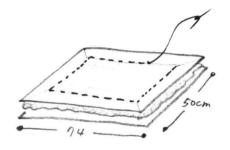

4. 將表布、鋪棉與背布三層疏縫固定並壓縫。

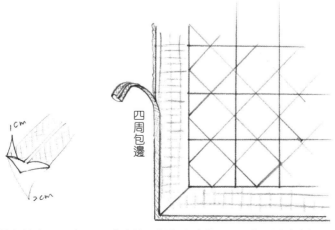

5. 藍格紋布斜裁成4公分寬布條，製作滾邊帶，再將作品滾邊處裡即完成。

秘密花園

．P.42 作品

系列／玩布生活02

書名／sew easy 輕鬆布調

作　　者／葉慈慧

攝　　影／王正毅

總 編 輯／彭文富

執行編輯／王義馨

編　　輯／林巧玲／張維文

美編設計／徐雅雯

出版者／大樹林出版社

地址／台北縣中和市中山路2段530號6樓之1

電話／(02)2222-7270・傳真／(02)-2222-1270

網站／www.guidebook.com.tw

E-mail／notime.chung@msa.hinet.net

■發行人／彭文富

■劃撥帳號／18746459　■戶名／大樹林出版社

■總經銷／知遠文化事業有限公司

■地　　址／台北縣深坑鄉北深路三段155巷23號7樓

電　話／(02)2664-8800・傳真／(02)2664-0490

法律顧問／盧錦芬　律師

初版／2009年12月

行政院新聞局局版台省業字第618號

本書如有缺頁、破損、裝訂錯誤，請寄回本公司更換

ISBN／9789570403862

定價：350元

PRINTED IN TAIWAN

sew easy 輕鬆布調／葉慈慧作. -- 初版.--
臺北縣中和市：大樹林, 2009.11
面；　公分　-- (玩布生活；2)

ISBN 978-957-0403-86-2 (平裝)

1. 手工藝　2.生活風格

426.7　　98018637